Ingrid Moras

Tolle Tüten zum Schulanfang

CHRISTOPHORUS
BRUNNEN-REIHE

Seit mehr als 30 Jahren steht der Name „Christophorus“ für kreatives und künstlerisches Gestalten in Freizeit und Beruf. Genauso wie dieser Band der Brunnen-Reihe ist jedes Christophorus-Buch mit viel Sorgfalt erarbeitet: Damit Sie Spass und Erfolg beim Gestalten haben – und Freude an schönen Ergebnissen.

ISBN 3-419-55895-3

3. Auflage 1998

Styling und Fotos: Roland Krieg, Waldkirch
Zeichnungen: Ingrid Moras
Umschlaggestaltung: Network!, München
Produktion: Print Production, Umkirch
Druck: Freiburger Graphische Betriebe, 1998

Christophorus
Bücher mit Ideen

Inhalt

Mein erster Schultag

Wer ist am ersten Schultag nicht aufgeregt, neugierig und vielleicht auch ein bißchen ängstlich? So genau weiß schließlich niemand, was der nun bevorstehende Lebensabschnitt bringen wird. Wie gut, daß die Kinder am ersten Tag eine große Schultüte haben, an der sie sich festhalten können. Mit einem Delphin oder einem Hund als treuem Begleiter läßt sich der Sprung ins Schulleben viel leichter wagen. Vielleicht wollen sich Ihre Kinder aber auch von einem anderen Tier in die Schule begleiten lassen, z.B. von einem Pinguin, einem Panda oder einem Hasen? Derlei Schultüten gibt es zwar nirgends zu kaufen, aber zusammen mit den Eltern oder anderen Helfern können Kinder diese originellen Begleiter selber basteln.

Auf die eigene, selbstgebastelte Tüte können die Kleinen dann ganz besonders stolz sein. Ganz ähnlich wird es ihnen ergehen, wenn sie bald selbst lesen, schreiben und rechnen können. Also, viel Vorfreude auf den ersten Schultag, auf die Schule und viel Spaß mit einer Schultüte, die den Anfang versüßt!

Ingrid Moras

Das Material

Das Papier

Für die Schultüte sollte man einen Karton, z.B. Ton- oder Fotokarton oder Rebornkarton, verwenden. Diese Kartonarten sind ausreichend stabil und doch noch biegsam. Im Fachhandel sind sie im Format 50 x 70 cm erhältlich.
Bei den Beispielen in diesem Buch werden die Spitztüten – mit einer Ausnahme – immer aus einem Rechteck geformt und geklebt. Deshalb entsteht kein gerader Rand, sondern eine Ecke des Kartons steht über. Bei einigen Tüten wird diese überstehende Ecke für die Motivgestaltung verwendet. Wenn die Ecke für das Schultütenmotiv nicht benötigt wird, kann der überstehende Karton gleichmäßig wellenförmig, gezackt oder auch einfach nur gerade abgeschnitten werden.
Bei der Motivgestaltung kann die ganze Bandbreite wirkungsvoller, altbekannter und neuer Bastelmaterialien eingesetzt werden: *Tonkarton* oder *-papier* überzeugt durch kräftige Farbtöne. Effektvoll ist auch *Künstlerkarton*, der eine strukturierte Oberfläche hat.
3-D-Wellpappe mit ihrer besonderen Struktur und *Mikro-Wellpappe* sind relativ druckfest und biegsam. Diese beiden Materialien lassen sich deshalb gut um die runde Tüte kleben.
Dünne *Japanpapiere*, *Bananenpapiere*, aber auch andere, stärkere *Naturfaserpapiere* sollten immer mit einem Klebestift befestigt werden, damit der Klebstoff nicht nach außen dringt.
Velourspapier (z.B. Vivelle) gibt den Figuren durch die flauschige Oberfläche aus Polyäthylen auf einem Papierträger ein plastisches Aussehen; es ist leicht zu schneiden und zu verarbeiten.
Neue *holographische Folien* und *3-D-Geschenkpapiere* in verschiedenen Farbtönen geben den Motiven Glanz und Tiefenwirkung.

Die Klebstoffe

Alle Teile, die nicht unter Spannung stehen, fixiert man am besten mit einem Klebestift (z.B. UHU stic). Schnelles und kraftvolles Kleben ist mit Heißkleber (z.B. UHU-Klebepistole LT 110 und transparenten Klebepatronen) möglich. Die relativ niedrige Schmelztemperatur vermindert zwar die Verbrennungsgefahr erheblich, trotzdem ist hier die

Mithilfe und Aufsicht von Erwachsenen unbedingt erforderlich.
Lösungsmittelfreie Kraftkleber brauchen zwar etwas länger zum Abbinden, sind aber durchaus wirkungsvoll (z.B. UHU Alleskleber Kraft ohne Lösungsmittel). Am besten hält dieser Klebstoff, wenn er auf beiden zu verklebenden Seiten aufgetragen wird.

Die Spitztüte

Das Formen der Spitztüte

Damit der rechteckige Karton (50 x 70 cm) beim Formen der Tüte keine Knicke erhält, ist es unbedingt erforderlich, ihn mehrfach über eine Tischkante zu ziehen. Dadurch rollt sich der Karton ein, und die Kanten werden weicher. Er kann danach ohne Schwierigkeiten zusammengerollt und zur Tüte geklebt werden, da die aufeinandertreffenden Lagen nicht mehr unter Spannung stehen. Den Karton mehrmals in den Richtungen über die Tischkante ziehen, die die Pfeile in der Zeichnung aufzeigen. Dabei besonders an die spätere Spitze der Tüte denken, denn sie wird besonders eng gerollt.

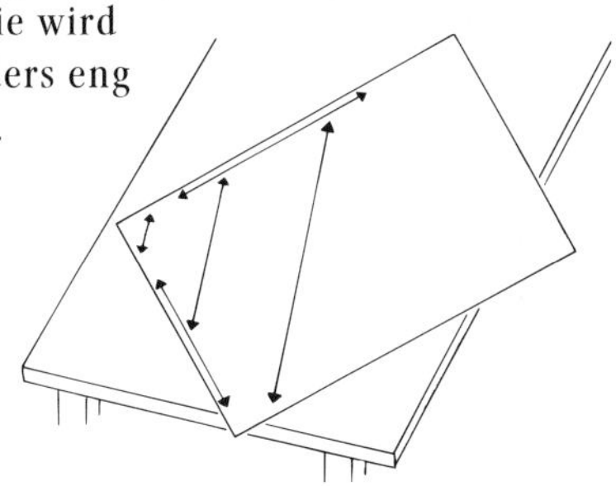

Das Kleben der Tüte

Von der Schmalseite beginnend die Tüte probeweise so formen, daß eine schöne Spitze entsteht und die lange Kante senkrecht verläuft. Die Tüte auf den Tisch legen und, sobald die Form stimmt, wieder vorsichtig ein Stück aufrollen. Dabei die Ecke im Inneren der Tüte fest auf die Wand der Tüte und diese auf den Tisch drücken, damit sich die Spitze nicht öffnet. Am einfachsten ist es, mit Heißkleber eine erste Klebelinie über die ganze Länge der Tüte zu ziehen, damit nichts mehr verrutschen kann. Anschließend das verbleibende Stück mit Heißkleber oder einem anderen kraftvollen Kleber um die Tüte kleben. Dazu beim Einrollen des Kartons zur Tüte Heißkleber von oben bis zur Spitze in Abständen als Klebelinien auftragen. Falls man Kraftkleber ohne Lösungsmittel verwendet,

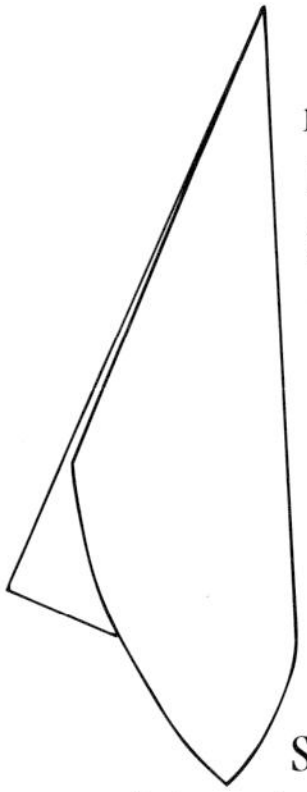

muß dieser auf die beiden Flächen, die zusammengefügt werden sollen, dünn aufgetragen werden. Wenn der Kleber glasig geworden ist, die beiden Lagen vom Inneren der Tüte aus kurz, aber kräftig aufeinanderdrücken. Die Tüte auf den Tisch legen und Stück für Stück von oben nach unten aufeinanderpressen. Ich verwende als Hilfsmittel gerne den Griff einer Feile oder eines anderen Werkzeugs, da ich damit einen stärkeren Druck ausüben kann. Die Kante von außen noch einmal gut andrücken.

Die Randgestaltung

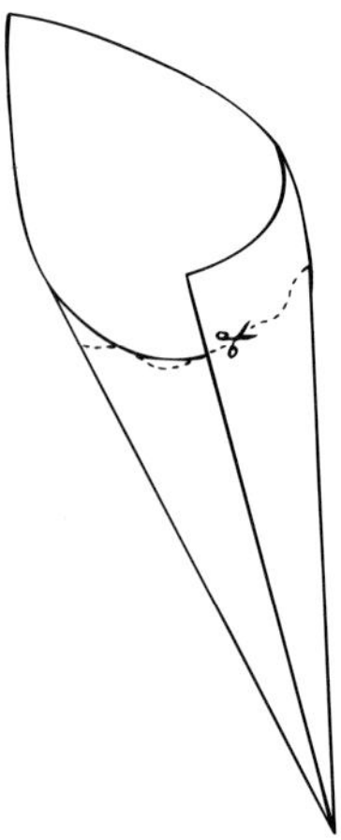

Wenn die Tüte so abgeschnitten werden soll, daß sie überall die gleiche Höhe hat, den Überstand einfach abschneiden. An der tiefsten Stelle beginnen und diese Höhe ringsum beibehalten. Wer kein gutes Augenmaß besitzt, kann an dieser Stelle die Höhe messen und sich diese Höhe in Abständen mit Bleistift auf der Tüte markieren. Ein gerader Rand wirkt allerdings eintönig, deshalb den Rand lieber leicht wellen- oder zackenförmig ausschneiden. Oft entstehen effektvolle Tüten, wenn das Motiv zum Teil auf die überstehende Ecke geklebt wird. Ausgehend von der tiefsten Stelle, wird der nicht benötigte Überstand bis zum Motiv hin, meist in leicht ansteigender Linie, weggeschnitten. Den Überstand um das Motiv herum bündig mit einer kleinen Schere abschneiden. Dadurch wird das überstehende Motiv verstärkt.

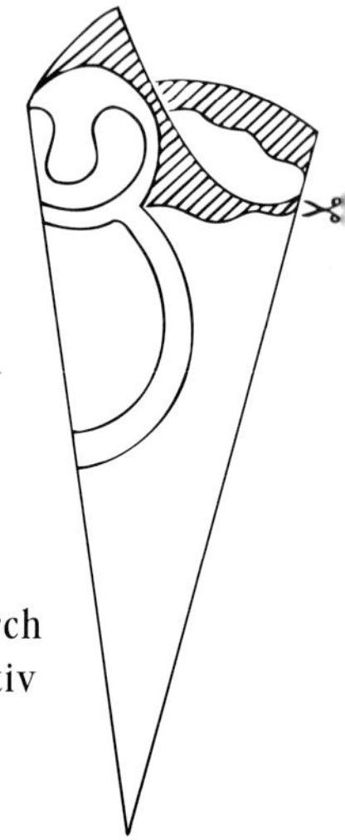

Der Verschluß der Tüten

Als Material eignet sich Kreppapier, das es in unterschiedlicher Qualität (und deshalb zu unterschiedlichen Preisen) zu kaufen gibt. Sogenannter Floristen-, Gärtner- oder Blumenkrepp ist sehr fest und kann wirkungsvoll auseinandergezogen werden. Wenn man den oberen Rand blattförmig einschneidet und die Blätter in der Mitte auseinanderzieht, dann wölben sie sich dekorativ nach außen. Wo dieser Effekt nicht erforderlich ist, genügt einfaches Kreppapier. Soll das Kreppapier etwas gerafft aufgeklebt werden, den Umfang der Schultüte messen und ca. 20 cm zugeben. Die Höhe des Verschlußstreifens beträgt 30 bis 40 cm. Eine Klebepistole eignet sich zum Befestigen des Kreppapiers am besten. Mit dem

Aufkleben an der tiefsten Stelle hinten beginnen. Stück für Stück am inneren Rand der Tüte eine Klebelinie auftragen, das Kreppapier auflegen und leicht raffen. Mit einem Geschenkband das Kreppapier zusammenbinden.

Die Motivteile der Tüten

Das Übertragen

Die Motive mit einem weichen Bleistift auf Transparentpapier durchpausen, das Papier mit den Bleistiftspuren auf die Rückseite des entsprechenden Bastelmaterials legen und durch Nachfahren übertragen.

Das Ausschneiden der Motive

Gute, große und kleine gebogene Scheren sind zum sauberen Ausschneiden der Motivteile unbedingt erforderlich. Manchmal ist der Einsatz eines Cutters sinnvoll, wenn in den Schultüten Einschnitte angebracht werden müssen. Dieses scharfe Werkzeug gehört aber nur in die Hände Erwachsener.

Das Aufkleben der Motive

Wenn die einzelnen Lagen des Motivs stark sind (z.B. Wellpappe), die Teile Lage für Lage auf die Tüte kleben. Jedes Teil vorher über die Tischkante ziehen, damit es sich etwas einrollt und gut um die Rundung legen und kleben läßt. Bei dünneren Materialien das Motiv vor dem Fixieren zusammenfügen und als Ganzes vorsichtig über die Tischkante ziehen und aufkleben. Je näher die Motivteile der Tütenspitze kommen, desto mehr sollten sie sich einrollen lassen. Zum Aufkleben der Motivteile, die aus einem dünnen, biegsamen Material bestehen, genügt ein Klebestift. Den Klebstoff ganzflächig und besonders sorgfältig an den Rändern auftragen.

Lustig bunte Vögel

Material
Vögel:
- **Wabenpapier in Grün und Dunkelgrün**
- **Mikro-Wellpappe in Rot**
- **Rebornkarton in Grün**
- **Marabufeder in Grün**
- **Tonkarton in Weiß**
- **Decorlack in Schwarz**

Pinnwand:
- **Korkplatte (33 x 50 cm, 0,5 cm stark)**
- **Tonkarton in Dunkelgrün**

❶ Für die Pinnwand eine Korkplatte auf einen dunkelgrünen Karton kleben und diesen mit einem Überstand von 2 cm ringsum abschneiden. Je nach Belieben die Ecken der Korkplatte mit einem Cutter vorher abrunden und den überstehenden Karton der Rundung anpassen.

❷ Für das Utensilo eine Pappdose auf eine Höhe von 12 cm, eine andere auf 10 cm abschneiden. Mit gelber bzw. blauer 3-D-Wellpappe verkleiden, und die Dosen mit Heißkleber zusammenfügen. Damit die Stifte und Scheren nicht zu schräg stehen, in jede der Dosen drei 7 cm hohe Abschnitte einer Papprolle stecken.

❸ Pinnwand und Utensilo mit „schrägen Vögeln“ bekleben, die mit ihren Schnäbeln Notizzettel halten können. Den Körper mit angeschnittenem Kopf aus grünem Rebornkarton fertigen. Für jeden Vogel einen Halbkreis aus grünem oder dunkelgrünem Wabenpapier ausschneiden. Die Klebelinien des Wabenpapiers müssen dabei parallel zu der in der Vorlage angegebenen Linie verlaufen. Den Halbkreis jeweils auf die eine Hälfte des Körpers kleben, das Wabenpapier zur Halbkugel aufziehen und die andere Seite auf dem Körper fixieren. Dabei die Stellung des Kopfes variieren. Die Beine aus roter Wellpappe in den unterschiedlichsten Stellungen am Ansatz auf der Rückseite des Körpers befestigen. Jeden Schnabel zweifach, einmal davon spiegelverkehrt, aus roter Wellpappe ausschneiden und am Ansatz mit den glatten Seiten aufeinanderkleben. Auf einer Seite die Rillen am Ansatz niederdrücken und mit dieser geglätteten Stelle am Kopf fixieren. Für das Auge einen Kreis aus weißem Tonkarton aufkleben und schwarzen Decorlack auftupfen. Ein kleines Stück einer Marabufeder am Kopf auf der Rückseite ankleben oder mit einem Stück Klebeband fixieren. Die Vögel mit Heißkleber auf der Pinnwand und dem Utensilo fixieren.

Utensilo:

- **2 Pappdosen (500 ml)**
- **3-D-Wellpappe in Gelb und Blau**
- **Papprollen vom Küchenpapier**

Hilfsmittel

- **Schere, Cutter**
- **Kraftkleber oder Heißkleber**
- **Klebeband**

Vorlage A

Pinguin

Material

- **Tonkarton in Dunkelblau (50 x 70 cm)**
- **Velourspapier in Weiß und Schwarz**
- **Filz in Rot**
- **Japanpapier in Weiß**
- **Holographische Folie in Silber (Bubbles) und Blau (Shards)**
- **Tonpapier in Weiß und Schwarz**
- **Marabufeder in Schwarz**
- **Decorlack in Schwarz**
- **Floristenkrepp in Weiß**
- **Band in Weiß**

1 Aus dem rechteckigen, dunkelblauen Stück Karton von der Schmalseite her eine Spitztüte formen und kleben. Ca. 33 cm über der Tütenspitze eine etwa 15 cm breite, wellig zugeschnittene „Eisscholle" aus weißem Japanpapier aufkleben. Kleine Fische aus silberner holographischer Folie ausschneiden, mit einem blauen Mittelteil bekleben, und die Augen mit schwarzem Decorlack aufmalen. Die Fische in unterschiedlichen Stellungen unter der Eisscholle auf der Tüte fixieren.

2 Den Körper des Pinguins mit angeschnittenem Kopf aus schwarzem Velourspapier ausschneiden und mit dem Kopf- und Brustteil aus weißem Velourspapier bekleben. Die Füße und den Schnabel aus rotem Filz, die Augen aus weißem bzw. schwarzem Tonpapier fertigen. Den Pinguin auf das überstehende Dreieck der Tüte kleben, und dabei die Füße mit einfassen. Den Überstand der Tüte wellenförmig von der tiefsten Stelle hinten zur höher gelegenen "Schulter" des Pinguins vorne und rund um den Kopf bündig abschneiden.

3 Die weißen Teile für den Kopf und den Körper und die Augen befestigen. Den Schnabel mit der kleinen Lasche zusammenkleben, oval formen und mit einem Klebestift am Kopf fixieren. Am Rand des Kopfes eine kleine schwarze Marabufeder festkleben. Die beiden Flügel aus dem abgeschnittenen Karton ausschneiden und von beiden Seiten mit schwarzem Velourspapier verkleiden. Die Lasche am Ansatz knicken. Mit einem Cutter links und rechts am Körper entlang einen Schnitt anbringen, die Lasche hindurchschieben und an der Innenwand der Tüte fixieren.

4 Weißes Floristenkreppapier mit Heißkleber leicht gerafft am inneren Rand der Tüte festkleben. Mit dem Aufkleben an der tiefsten Stelle der Tüte beginnen und diese Höhe rund um die Tüte beibehalten.

Hilfsmittel

- Schere, Cutter
- Klebestift
- Heißkleber und Kraftkleber

Vorlage B

Delphin

❶ Aus einem Bogen blauen Rebornkartons von der Schmalseite her eine Spitztüte formen und kleben.

❷ Die beiden Teile für den Delphin aus silbernem Kreppapier und weißem Künstlerkarton ausschneiden, etwas überlappend zusammenfügen und mit Kraftkleber auf die Tüte kleben. Die überstehende Spitze der Tüte wird für den Kopf des Delphins benötigt und erst nach dem Aufkleben der Form an den Umrissen entlang abgeschnitten. Den übrigen Rand der Tüte gleichmäßig wellenförmig zuschneiden.

❸ Das spitzwinklige Teil um das Auge aus silbernem Kreppapier ausschneiden, die Richtung der Linien senkrecht zu denen des Körpers verlaufen lassen. Das Auge aus einem größeren Kreis aus weißem Künstlerkarton und einem kleineren aus Scherenschnittpapier fertigen.

❹ Für die Flossen mit einem Cutter jeweils einen Längsschnitt in der Höhe der jeweiligen Flosse in der Tüte anbringen. Die Form der Flossen aus Rebornkarton ausschneiden und von beiden Seiten mit silbernem Kreppapier verkleiden. Dabei die Rillen senkrecht zu denen des Körpers verlaufen lassen. Die Knicklinie jeweils vorsichtig vorprägen. Die Lasche aufbiegen, durch den Schlitz ins Innere der Tüte schieben und dort fixieren. Zur Sicherheit mit Klebeband befestigen.

❺ Türkisblaues Kreppapier am inneren Rand der Schultüte mit Heißkleber fixieren und oben wellenförmig einschneiden.

Material
- **Rebornkarton in Blau (50 x 70 cm)**
- **Kreppapier in Silber**
- **Künstlerkarton in Weiß**
- **Scherenschnittpapier**
- **Kreppapier in Türkisblau**

Hilfsmittel
- **Schere, Cutter**
- **Klebeband**
- **Kraftkleber**
- **Heißkleber**

Vorlage C

Clown

Material

- **Tonkarton in Dunkelblau (50 x 70 cm)**
- **Künstlerkarton in Grün, Blau, Rot, Schwarz und Hautfarbe**
- **Mikro-Well-pappe in Dunkelgrün**
- **3-D-Geschenk-papier in Blau und Grün**
- **Marabufeder in Orange**
- **Filzstift in Schwarz**
- **Floristenkrepp in Rot**
- **Geschenkband**

Hilfsmittel

- **Schere**
- **Klebestift**
- **Heißkleber oder Kraftkleber**

Vorlage D

1 Aus einem dunkelblauen Bogen Karton von der Schmalseite her eine Spitztüte formen und kleben.

2 Die Teile für den Clown ausschneiden und aufeinander- bzw. aneinanderkleben. Hände und Kopf aus hautfarbenem, das Oberteil aus grünem und die Hose aus blauem Künstlerkarton fertigen. Die Arme und zwei Bommel für die Mütze aus grünem, die Schuhe aus blauem 3-D-Geschenkpapier und die Mütze aus dunkelgrüner Wellpappe (Rillen verlaufen senkrecht) ausschneiden. Beim Fixieren der Mütze zwei Marabufedern als Haare mit einfassen. Das Gesicht mit zwei Augen aus schwarzem Künstlerkarton und mit den Wangen und der Nase aus rotem Künstlerkarton bekleben. Den Mund mit einem schwarzen Filzstift einzeichnen.

3 Den Clown vor dem Aufkleben auf die Tüte vorsichtig über die Tischkante ziehen, damit er sich einrollt und besser um die Tüte legt. Die Füße ragen soweit wie möglich ins überstehende Dreieck der Tüte. Die Tüte von der tiefsten Stelle hinten ausgehend bis zur Hose hin in gleicher Höhe abschneiden und kleine Zacken (Höhe ca. 2,5 cm) aus dem Rand ausschneiden. Den Überstand des Kartons um die Beine des Clowns herum bündig abschneiden.

4 Rotes Kreppapier als Abschluß leicht gerafft mit Heißkleber am inneren Rand der Tüte befestigen. Den oberen Rand blattförmig ca. 18 cm weit einschneiden. Das Kreppapier unter den Blättern mit einem Geschenkband zusammenbinden, und die Blätter anschließend in der Mitte auseinanderziehen, damit sie sich nach außen biegen.

Kugeltüte

Material

- **Rebornkarton in Blau (50 x 70 cm)**
- **Mikro-Wellpappe in Rot, Blau und Grün**
- **22 Holzkugeln in Blau, 18 in Grün und 15 in Rot (14 mm ∅)**
- **Floristenkrepp in Rot**
- **Nylonschnur (0,5 mm ∅)**

Hilfsmittel

- **Schere**
- **große Nähnadel**
- **Lineal**
- **Stricknadel**
- **reißfester Faden**
- **Klebeband**
- **Bleistift**
- **Kraftkleber oder Heißkleber**

❶ Auf einem Bogen Rebornkarton ein Kreissegment mit einem Radius von 50 cm einzeichnen. Dazu einen reißfesten Faden an einem Bleistift verknoten, den Faden 50 cm vom Bleistift entfernt in der Mitte der langen Seite des Kartons festhalten und mit dem senkrecht aufgesetzten Bleistift die Kreislinie ziehen. Vier Sehnen von 19 cm Länge einzeichnen, und den überschüssigen Karton oben an diesen Linien entlang abschneiden. Die Längslinien mit einer Stricknadel vorprägen. An einer Seite einen Falz zum Kleben stehenlassen. Zur Verstärkung der Vorderseite mit den Kugeln einen beliebigen Karton ganzflächig innen auf die Vorder- und die beiden Nachbarseiten kleben. Auch bei diesem Karton die Knicklinien vorprägen.

❷ An den beiden seitlichen Kanten der verstärkten Vorderseite, jeweils 5 cm von der oberen Kante entfernt, im Abstand von 3 cm zehn Löcher stechen. Am Ende eines langen Nylonfadens Knoten legen und diese mit Klebeband mehrfach auf der Innenseite der Tüte neben einem der beiden obersten Löcher festkleben. Anschließend den Faden durch das Loch nach vorne ziehen und 10 blaue Perlen aufnehmen.

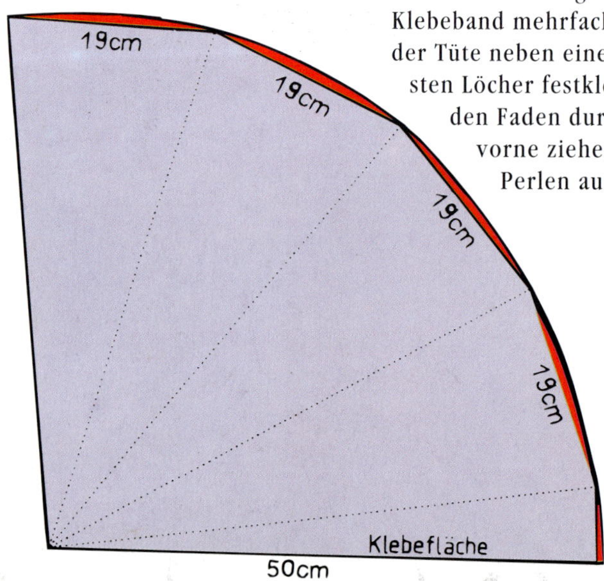

Den Faden dann durch das gegenüberliegende Loch nach hinten und durch das 3 cm tiefer liegende Loch wieder nach außen führen. Neun grüne Perlen aufziehen und den Faden durch das entsprechende Loch in der gegenüberliegenden Kante nach hinten ziehen. Weiterarbeiten bis zu der letzten Reihe mit nur einer Perle. Den Faden nach hinten ziehen und, sobald alle Reihen straff nachgezogen worden sind, mehrfach mit Klebeband an der Innenseite fixieren. Am besten wieder Knoten legen, damit der Faden nicht durchrutschen kann.

3 Die Schultüte anschließend mit der Lasche zusammenkleben. Vier große Halbkreise aus roter Wellpappe am oberen Rand der Tüte ankleben. Je nach Belieben weitere, unterschiedlich große Kreise aus blauer, roter und grüner Wellpappe auf den Halbkreisen und der Tüte fixieren.

4 Als Abschluß rotes Kreppapier am inneren Rand der Tüte etwas gerafft mit Heißkleber befestigen. Am oberen Rand kleine Halbkreise ausschneiden.

Panda

❶ Aus einem Bogen Rebornkarton eine Spitztüte formen und kleben, den Überstand oben gerade abschneiden. Die Tüte mit hellgrünem Bananenpapier verkleiden. Einzelne Blätter aus Bananenpapier ausschneiden und am oberen Rand der Tüte innen ankleben.

❷ Den Panda aus weißer Wellpappe so ausschneiden, daß die Rillen der Wellpappe senkrecht verlaufen. Die Ohren, das Teil für die Augen, die Nase und die Beine aus schwarzer 3-D-Wellpappe fertigen. Alle Teile über die Tischkante ziehen, damit sie sich leicht um die runde Tüte kleben lassen. Den Kopf über den Rand der Tüte hinausragen lassen. Für das Auge zwei unterschiedlich große Kreise aus weißem bzw. schwarzem Tonpapier schneiden und aufeinanderkleben. Ein kleines weißes Dreieck als Lichtpunkt fixieren.

❸ Dunkelgrünes Kreppapier mit Heißkleber am inneren Rand der Tüte befestigen und blattförmig einschneiden. Die Blätter sind hier ungefähr 25 cm lang und 8 cm breit. Das Krepppapier unterhalb der Blätter mit einem 5 cm breiten Streifen Kreppapier zusammenbinden. Die Enden des Streifens spitz zuschneiden. Alle Blätter in der Mitte auseinanderziehen, damit sie sich nach allen Seiten entfalten .

Material

- Rebornkarton (50 x 70 cm)
- Bananenpapier in Hellgrün
- Mikro-Wellpappe in Weiß
- 3-D-Wellpappe in Schwarz
- Tonpapier in Weiß und Schwarz
- Floristenkrepp in Dunkelgrün

Hilfsmittel

- Schere
- Heißkleber oder Kraftkleber
- Klebestift

Vorlage E

Hase

Material

- **Tonkarton in Dunkelgrün, 50 x 70 cm**
- **Mikro-Wellpappe in Gold, Rot und Weiß**
- **Künstlerkarton in Weiß, Grün und Schwarz**
- **Floristenkrepp in Rot**
- **Geschenkband**
- **Filzstift in Schwarz**

Hilfsmittel

- **Schere**
- **Stricknadel**
- **Klebestift**
- **Kraftkleber oder Heißkleber**

Vorlage F

1 Aus einem Bogen dunkelgrünem Tonkarton eine Spitztüte formen und kleben und den Überstand ausgehend von der tiefsten Stelle in gleicher Höhe leicht wellenförmig abschneiden.

2 Goldfarbene Wellpappe einmal zusammenklappen und den Körper des Hasen mit angeschnittenem Kopf so ausschneiden, daß die Knicklinie an der Rückenkante ist. Mit einer Stricknadel die Trennlinie zwischen Kopf und Körper und zwischen Körper und unterem Bein bei beiden Hasen einkerben. Die Hasen mit der glatten Seite vorsichtig über die Tischkante ziehen, damit sie sich einrollen.

3 Je zwei Ohren und ein Bein aus goldfarbener Wellpappe ausschneiden. Das Innere der Ohren, den größeren Kreis für das Auge, die Schnauze und den Brustfleck jeweils aus weißem, das Auge und die Nase aus schwarzem Künstlerkarton fertigen. Die Wange aus weißer Wellpappe ausschneiden, die Schnauze mit einem schwarzen Filzstift einzeichnen. Alles zusammenkleben, wie die Vorlage verdeutlicht, anschließend die beiden Hasen so um die Tüte kleben, daß die Knicklinie der Hasen auf der senkrechten Klebenaht der Tüte liegt. Das obere Bein jeweils nur am Ansatz fixieren. Einzelne aus grünem Karton ausgeschnittene Grasbüschel auf die Tüte kleben.

4 Einen ca. 14,5 cm breiten und 66 cm langen Streifen aus roter Wellpappe in der Mitte knicken und mit den glatten Seiten aufeinanderkleben. Dabei den „Schulranzen“ gleich in die richtige Form biegen, und an einem Ende die Schnallen ausschneiden. Für die Seitenteile je zwei 50 cm lange und 12 mm breite Streifen aus roter Wellpappe schneiden. Für jedes Seitenteil ein 8 cm langes Stück eines Streifens umbiegen und festkleben, anschließend zuerst den restlichen Streifen und dann einen weiteren

Streifen um dieses 8 cm lange Stück herumwickeln und dabei festkleben. Überstände zum Schluß abschneiden, und die Seitenteile mit Heißkleber am Schulranzen so einkleben, daß sie bündig abschließen. Aus zwei goldfarbenen Streifen Wellpappe zwei Schlaufen kleben und am Schulranzen fixieren. Den Schulranzen in der Mitte mit Heißkleber an der Klebekante der Tüte bzw. an der Rückenkante der Hasen entlang fixieren. Auf jeder Seite oben am Schulranzen einen schmalen Streifen aus roter Wellpappe als Riemen festkleben, um den „Arm" herumführen und am Schulranzen unten befestigen.

5 Als Abschluß rotes Kreppapier etwas gerafft am inneren Rand der Schultüte mit Heißkleber fixieren und oben blattförmig einschneiden. Die Blätter nach dem Zusammenbinden des Kreppapiers in der Mitte auseinanderziehen, damit sie sich nach allen Seiten entfalten lassen.

Maulwurf

Material

- **Rebornkarton in Grün (50 x 70 cm)**
- **3-D-Wellpappe in Schwarz**
- **Mikro-Wellpappe in Gelb**
- **Tonkarton in Dunkelgrün, Weiß und Schwarz**
- **Naturfaserpapier in Braun**
- **Filz in Hautfarbe**
- **Nylonschnur**
- **Floristenkrepp in Hellblau**
- **Band in Blau**

Hilfsmittel

- **Schere, Cutter**
- **Klebestift**
- **Heißkleber oder Kraftkleber**
- **Klebeband**
- **große Nähnadel**

Vorlage G

1 Aus einem Bogen Rebornkarton eine Spitztüte formen und kleben.

2 Den Körper des Maulwurfs aus schwarzer 3-D-Wellpappe so ausschneiden, daß die Wellen senkrecht verlaufen. An der Rückseite eine Nase aus Filz befestigen. Zwei Abschnitte einer Nylonschnur durch die Schnauze erst nach hinten, dann im Abstand von 1 cm wieder nach vorne führen und auf der Rückseite durch Klebeband sichern. Das Auge aus weißem und schwarzem Tonkarton fertigen und aufkleben. Den Körper so auf das überstehende Dreieck der Tüte kleben, daß der Kopf höher liegt als die tiefste Stelle der Tüte hinten. Von dieser ausgehend den Überstand der Tüte bis zum Kopf hin leicht wellenförmig und um den Kopf herum bündig abschneiden.

3 Einen Kreis für die Wange und die beiden Beine aus schwarzer 3-D-Wellpappe ausschneiden. Die Wange so fixieren, daß die Wellen der Wellpappe waagrecht verlaufen. Die Zehen aus hautfarbenem Filz fertigen und mit dem Ansatz auf der Rückseite der Beine befestigen. Die Laschen an den Beinen jeweils anknicken. An den Stellen, an denen die Beine angebracht werden, mit einem Cutter zwei Schnitte durch den Körper und die Tüte anbringen, die Laschen der Beine hindurchschieben und an der Innenwand der Tüte ankleben.

4 Den unteren Teil der Tüte mit braunem, oben leicht wellenförmig zugeschnittenem Naturfaserpapier so verkleiden, daß der untere Rand vom Körper des Maulwurfs hinter dem Papier verschwindet.

5 Den Maulwurfshügel mit Löwenzahn bekleben. Die Blätter und Stiele aus dunkelgrünem Tonkarton fertigen. Für die Blüten zwei Teile aus gelber Wellpappe ausschneiden (die Rillen verlaufen waagrecht) und oben fein einschneiden. Die Blütenblätter spitz zuschneiden und beide Teile aufeinander fixieren. Blüten, Stiele und Blätter in beliebiger Weise kombinieren und aufkleben.

6 Als Abschluß hellblaues Kreppapier mit Heißkleber etwas gerafft am inneren Rand der Tüte ankleben und blattförmig einschneiden (Höhe ca. 20 cm). Das Kreppapier unterhalb der Blätter zusammenbinden und die Blätter in der Mitte auseinanderziehen, damit sie sich nach außen wölben.

Schmetterlinge

Material
- **Tonkarton in Rotbraun (50 x 70 cm)**
- **Künstlerkarton in Hellblau**
- **3-D-Geschenkpapier in Blau-Schwarz-Gold**
- **Floristenkrepp in Hellblau**
- **Geschenkband in Blau**

Hilfsmittel
- **Schere**
- **Klebestift**
- **Kraftkleber oder Heißkleber**

Vorlage H

1 Aus dem rotbraunen Tonkarton von der Schmalseite her eine Spitztüte formen und kleben.

2 Fünf Schmetterlinge aus hellblauem Künstlerkarton ausschneiden, und Flügel und Körper mit 3-D-Geschenkpapier so bekleben, daß 0,5 cm breite Stege freibleiben. Fühler aus dem gleichen Papier fertigen und auf der Rückseite des Kopfes befestigen. Die Schmetterlinge vorsichtig über die Tischkante ziehen, damit sie sich einrollen und besser aufkleben lassen. Anschließend ganzflächig auf die Tüte kleben (vier auf der Vorderseite, einen hinten). Die Schmetterlinge so anordnen, daß der oberste in der Spitze des überstehenden Dreiecks der Tüte plaziert ist.

3 Ausgehend von der tiefsten Stelle der Tüte hinten, den Rand wellenförmig abschneiden. Die Linie nach vorne langsam ansteigen lassen, bis sie auf einen Schmetterling trifft. Den Überstand des rotbraunen Kartons teilweise an der Kante des Schmetterlings entlang bündig abschneiden, teilweise als ca. 10 cm breite Verbindung zum obersten Schmetterling stehen lassen. Den rotbraunen Karton beim obersten Schmetterling oben und an den Seiten bündig abschneiden.

4 Hellblaues Kreppapier leicht gerafft mit Heißkleber am inneren Rand der Tüte ankleben. An der tiefsten Stelle hinten beginnen und diese Höhe rundum beibehalten. Das Kreppapier mit blauem Geschenkband zusammenbinden.

Hund

Material

- **Tonkarton in Grün (50 x 70 cm)**
- **Bananenpapier in Hellgrün**
- **Japanpapier in Weiß mit Goldfäden und in Gelb**
- **Mikro-Wellpappe in Weiß**
- **Künstlerkarton in Schwarz und Grau**
- **dicker Graukarton**
- **Floristenkrepp in Dunkelgrün**
- **Scherenschnittpapier**
- **schwarzer Filzstift**

Hilfsmittel

- **Schere**
- **Kraftkleber**
- **Klebestift**
- **Heißkleber**

Vorlage I

1. Aus einem Bogen Tonkarton eine Spitztüte formen, kleben und die überstehende Ecke gerade abschneiden.

2. Die Tüte mit Gänseblümchen und Blättern bekleben: Für die Blüte zwei Lagen weißes Japanpapier mit einem Klebestift zusammenkleben und die Form ausschneiden. Für das Blüteninnere einen größeren Kreis aus hellgrünem Bananenpapier und zwei kleinere Kreise aus gelbem Japanpapier in der Mitte aufeinanderkleben und rundum fein einschneiden. Die Blätter aus hellgrünem Bananenpapier fertigen.

3. Den Kopf des Hundes aus vier Lagen fertigen. Die unterste Lage mit den angeschnittenen Ohren aus schwarzem Künstlerkarton ausschneiden. Auf die zweite, aus grauem Karton ausgeschnittene Lage mit einem Filzstift das Maul aufzeichnen. Schnauze, Haarschopf und die beiden Pfoten aus weißer Wellpappe fertigen.

4. Die Teile für Augen und Nase aus einem dicken Graukarton ausschneiden. Die Nase mit tiefschwarzem Scherenschnittpapier, die Kreise für die Augen mit grauem Karton und anschließend mit einem etwas kleineren Kreis aus Scherenschnittpapier bekleben. Alle Teile für den Kopf aufeinander fixieren. Die eingeschnittenen Haare nicht festkleben – so können sie abstehen! Den Haarschopf mit einem Abstandhalter aus Graukarton aufkleben, damit er sich abhebt.

5. Die Pfoten mit dem Ansatz am Rand der Schultüte innen ankleben, den Kopf mit dem unteren Sechstel an der Schultüte befestigen. Die Ohren bleiben frei. Dunkelgrünes Floristenkrepp am inneren Rand der Schultüte, am besten mit Heißkleber, fixieren und blattförmig einschneiden.

Elefant

❶ Aus einem Bogen Tonkarton von der Schmalseite her eine Spitztüte formen und kleben. Den Überstand entsprechend der niedrigsten Höhe der Tüte gleichmäßig abschneiden, und aus dem Rand kleine Zacken ausschneiden.

❷ Den Kopf und den Körper des Elefanten aus hellblauem Naturfaserpapier, die Ohren aus blaugrauem Elefantenpapier ausschneiden. Stoßzähne aus weißem Tonkarton am Ansatz und die Ohren auf der Rückseite des Kopfes fixieren. Den Körper ganzflächig auf die Tüte kleben, den Kopf nur in der Mitte, damit die Ohren richtig abstehen. Zwei unterschiedlich große Kreise aus weißem bzw. schwarzem Tonpapier ausschneiden und als Augen fixieren. Zehen aus weißem Tonpapier fertigen.

❸ Für den Rüssel sieben, immer kleiner werdende Kreise aus hellblauem Wabenpapier ausschneiden und aufeinanderkleben. Darauf achten, daß die Klebe-linien dabei immer parallel liegen. Den Rüssel so auf dem Kopf fixieren, daß die Klebelinien waagrecht verlaufen. Die Tütenspitze bis zu den Füßen des Elefanten mit 3-D-Geschenkpapier bekleben. Dazu am besten die Länge von der Spitze der Tüte bis zum Fuß des Elefanten messen, und ein Kreissegment mit demselben Radius ausschneiden und dieses mit einem Klebestift rundum befestigen.

❹ Silbernes Kreppapier am inneren Rand der Tüte mit Heißkleber fixieren. Am oberen Rand kleine Zacken ausschneiden. Das Kreppapier mit einem blauen Band zusammenbinden.

Material
- **Tonkarton in Dunkelblau (50 x 70 cm)**
- **starkes Naturfaserpapier in Hellblau**
- **Elefantenpapier in Blaugrau**
- **Tonpapier in Weiß und Schwarz**
- **Wabenpapier in Hellblau**
- **3-D-Geschenkpapier in Blau-Schwarz-Gold**
- **Kreppapier in Silber**
- **Geschenkband in Blau**

Hilfsmittel
- **Schere**
- **Klebestift**
- **Heißkleber oder Kraftkleber**

Vorlage K

Rabe

Material

- **Tonkarton in Türkis (50 x 70 cm)**
- **Velourspapier in Schwarz**
- **Mikro-Wellpappe in Rot**
- **Tonkarton in Weiß und Schwarz**
- **Kreppapier in Hellblau**
- **Geschenkband in Blau**

Hilfsmittel

- **Schere**
- **Klebestift**
- **Heißkleber oder Kraftkleber**

Vorlage L

1 Aus einem türkisfarbenen Tonkarton von der Schmalseite her eine Spitztüte formen und kleben.

2 Den Raben aus schwarzem Velourspapier ausschneiden, mit dem Schnabel und zwei Füßen aus roter Wellpappe bekleben und ganzflächig auf die Seite der Tüte mit dem überstehenden Dreieck kleben. Die Füße stehen ab. Über dem Kopf soll ein ausreichender Überstand für die noch auszuschneidenden Blätter bleiben. Jeden Flügel zweifach, einmal davon spiegelverkehrt, aus schwarzem Velourspapier ausschneiden. Beide Lagen jeweils deckungsgleich aufeinanderkleben, so daß die Velourseiten nach außen weisen. Anschließend die Flügel nur am Ansatz festkleben, damit sie abstehen. Zwei unterschiedlich große Kreise aus weißem bzw.schwarzem Tonkarton für die Augen aufeinander fixieren.

3 Den Rand der Tüte leicht wellenförmig einschneiden. Dabei am tiefsten Punkt hinten beginnen und die Linie nach vorne bis zum Kopf des Raben sanft ansteigen lassen. Den Überstand des Kartons um den Schnabel herum bündig abschneiden. Um den Kopf herum Blätter aus dem Karton ausschneiden. Aus den Resten zwei Blattpaare fertigen und unter den Füßen befestigen.

4 Hellblaues Kreppapier als Abschluß leicht gerafft am inneren Rand der Tüte mit Heißkleber befestigen. Mit dem Aufkleben an der tiefsten Stelle hinten beginnen und diese Höhe rund um die Tüte beibehalten. Das Kreppapier oben blattförmig, ca. 5 cm tief einschneiden und mit einem Geschenkband zusammenbinden.

Neben dieser Auswahl aus der Brunnen-Reihe haben wir noch viele andere Bücher im Programm. Wir informieren Sie gerne - fordern Sie einfach unsere neuen Prospekte an:

- <u>Bücher für Ihre Kinder:</u> Basteln, Spielen und Lernen mit Kindern
- <u>Bücher für Ihre Hobbys:</u> Stoff und Seidenmalerei, Malen und Zeichnen, Keramik, Floristik
- <u>Bücher zum textilen Handarbeiten:</u> Sticken, Häkeln und Patchwork

Wir sind für Sie da, wenn Sie Fragen zu AutorInnen, Anleitungen oder Materialien haben. Und wir interessieren uns für Ihre eigenen Ideen und Anregungen. Faxen, schreiben Sie oder rufen Sie uns an. Wir hören gerne von Ihnen! Ihr Christophorus-Verlag

Hermann-Herder-Str. 4 / 79104 Freiburg i. Breisgau

CHRISTOPHORUS
Bücher mit Ideen

Tel: 0761/2717-268 oder Fax: 0761/2717-3